Matthias Jüttner, Nicole Romeike, Volker Störchel

Natürliche und aktuelle Vegetation im Allgäu

GRIN Verlag

Bibliografische Information der Deutschen Nationalbibliothek:

Die Deutsche Bibliothek verzeichnet diese Publikation in der Deutschen National-
bibliografie; detaillierte bibliografische Daten sind im Internet über http://dnb.d-
nb.de/ abrufbar.

Impressum:

Copyright © 2007 GRIN Verlag GmbH
Druck und Bindung: Books on Demand GmbH, Norderstedt Germany
ISBN: 978-3-640-85428-8

Dieses Buch bei GRIN:

http://www.grin.com/de/e-book/167735/natuerliche-und-aktuelle-vegetation-im-
allgaeu

Universität Augsburg
Institut für Geographie
Datum: 31.01.2007

Hausarbeit zum Projektseminar "Allgäu" - Wintersemester 2006/07
-

Natürliche und aktuelle Vegetation im Allgäu

Jüttner , Matthias
Romeike, Nicole
Störchel, Volker

Einleitung

Das Allgäu umfasst ein großes Gebiet im Süden des Regierungsbezirks Schwaben mit überwiegend planaren und kollinen Landschaften mit Schottern der Alt- und Jungmoränen der pleistozänen Eisvorstöße. Der südlichste Teil des bayerischen Allgäus, sowie die teilweise in Österreich gelegenen Allgäuer Alpen, erheben sich bis in die alpine Höhenstufe und sind größtenteils aus jurazeitlichen Kalken und Hauptdolomit aufgebaut. Auch Teile des eher tonigen, mergeligen Flysch und Helvetikum sind dort zu Finden. Das Westallgäu auf Baden-Württembergischer Seite gleicht dem Flachland auf der bayerischen. Vereinzelt finden sich auch Stellen wo die verschiedenen Schichten der Molasse aufgeschlossen sind.

Die so unterschiedlichen Gesteinsuntergründe die im Gebiet des Allgäus zu finden sind machen auch viele Formen der Bodenbildung und Bodenentwicklung möglich. Gerade die Situation im Gebirge beeinflusst die Bodenbildung stark, aber im negativen Sinne. Die Hanglage macht es oft unmöglich Lockermaterial zu halten so dass Bodenbildungsprozesse erst gar nicht initiiert werden können. Hält sich eine Auflage und setzt Bodenentwicklung ein ist die Gefahr des Bodenverlustes durch Wassererosion nach wie vor um ein Vielfaches Höher als im flachen Terrain, auch hier ist der Hang ein negativer Faktor für Entwicklung von ausgeprägten Bodenhorizonten. Das abgespülte Material sammelt sich jedoch am Fuß des Hanges und dort entstehen auch für eine derartige Situation typische Böden. Dort wo das Wasser der Alpenflüsse das Bergland verlässt entstehen nicht selten Moore mit Torfböden und sumpfigen Wasserflächen. Im Moränengebiet zeigen sich auch Böden auf Kies und, anders als in den Alpen, auch mit zum Teil silikatischem Ausgangsmaterial der Schotter. Im gesamten Gebiet verbreitet sind die an den Flussläufen gelegenen Auenböden mit sandigen und lehmigen Korngrößen, sowie quartäre Flussschotter aus den Alpen.

Die Böden eines Gebietes sind stark an die geologischen Grundvorrausetzungen gebunden, ebenso bilden sich dann auf den entstandenen Böden ganz Standortspezifische Pflanzengesellschaften mit charakteristischen Arten deren Standortoptimum den jeweiligen Bodenbedingungen am ehesten entsprechen. Wegen dieses Zusammenhangs zwischen Ausgangsgestein, daraus resultierender Bodenbildung, und einem für die Bodeneigenschaften charakteristischen Bewuchs, wird zu Beginn dieser Arbeit ein kurzer Abriss über die im Allgäu vorkommenden Gesteine und Böden gegeben bevor danach genauer auf die Vegetationszusammensetzung eingegangen werden soll. Zunächst liegt der Fokus auf der Vegetation im potentiell natürlichen Zustand, im zweiten Teil dann eine Beschreibung der aktuell vorzufindenden Situation. Den Abschluss bildet eine genaue Betrachtung des Naturraums Wald, seine Verbreitung, seine Nutzung und seine Zukunftsaussichten.

1. <u>Geologische und Pedologische Situation im Allgäu</u>

Um sich ein umfassendes Bild der Situation im Allgäu machen zu können ist es nötig sich ein Gebiet zu Wählen das Schwerpunkt der Betrachtung ist, und daher so vollständig wie möglich alle Gesteins- und Bodenerscheinungen zeigt die im gesamten Allgäu zu finden sind. Das in dieser Arbeit beschriebene Areal erstreckt sich vom Nebelhorn nach Norden durch das Illertal bis in das hügelige Flachland der Jungmoränen nach Kempten. Im Folgenden werden die geologischen Einheiten mit ihren Gesteinen, und die aus ihnen entstandenen Bodentypen in diesem Abschnitt des Allgäus beschrieben, und miteinander in Beziehung gesetzt (Siehe Abb.1)

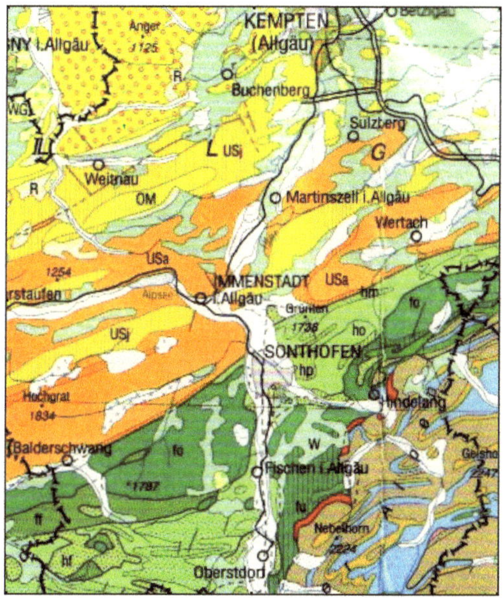

Abb.1: Geologische Karte von Bayern (Ausschnitt) - Legende: Anhang 1 - (Quelle: geol. Landesamt 1996)

In den Hochgebirgsregionen der Allgäuer Alpen findet man hauptsächlich kalksteinreiche Untergründe mit vereinzelt auch mergeligen Schichten. Silikatische Sedimente (Radiolarit) sowie vereinzelt vulkanische Gesteine findet man in den kleinräumig begrenzten Regionen der Arosa-Zone. Bodenbildung kann v.a. bei steilen Hanglagen kaum einsetzen, deshalb stellen hier Rohböden bereits das Klimaxstadium der Pedogenese dar. In tieferen Lagen können sich durch abgelagertes Gesteins- und Feinbodenmaterial, sowie durch den stärkeren Pflanzenbewuchs Bodenhorizonte und Humusauflagen bilden die zu einer fortschreitenden

Bodenbildung führen. Hier sind, je nachdem ob carbonatischer oder silikatischer Untergrund gegeben ist, Rendzinen und Ranker verbreitet, häufig sind aber auch Braunerden und Parabraunerden auf den Mergel- und Kalkhalden im Unterhang des Gebirges. In Regionen mit lockerem Kalkschutt und ausreichendem Angebot an biogenen Resten der Alpenvegetation entstehen nicht selten Podsole, meißt aber in Kombination mit den Braunerden als Podsol-Braunerde oder Podsol-Parabraunerde. Haben die Mergellagen hohe Tonanteile können diese Wasser stauend wirken und in Mulden Pseudogleye bilden.

In den flacheren Regionen des Voralpenlandes ist der Untergrund sehr viel reicher an feinkörnigen Sedimentgesteinen wie etwa Sand- und Tonstein, aber auch kalkige und mergelige Untergründe sind noch verbreitet, überwiegend im Bereich des Helvetikums und des rhenodanubischen Flysch. Die Böden unterscheiden sich in ihren Typen nicht sehr von den oben bereits genannten, außer dass Rohböden kaum vorhanden sind. Die Horizonte sind jedoch weitgehend deutlicher ausgeprägt und auch mächtiger als in hohen Lagen. Einerseits ist das Materialangebot größer, andererseits ist die Verweildauer von Niederschlagswasser in den Fußbereichen der Gebirge weitaus länger als an den steilen Hängen; durch Wasser ausgelöste Verlagerungsprozesse können so also länger und nachhaltiger wirken.

Als geologische Einheiten wären noch die Molasseschotter der oberen und unteren Meeres- bzw. Süßwassermolasse zu nennen, sowie die glazialen Schotter des würmeiszeitlichen Eisvorstoßes aus den Alpen. Die Moränenschotter zeichnen sich durch einen hohen Kalkgehalt aus, weshalb hier auch Rendzinen vorkommen die im Bereich der Molasse weniger anzutreffen sind. Im Allgemeinen kann man sagen die Böden des Allgäuer Voralpenlandes setzten sich aus Kombinationen, Übergängen und Klimaxstadien von Braunerden, Para-Braunerden, Podsolen und, in feuchten Lagen, vergleyten Böden zusammen.

In den Randbereichen der Flüsse mit ihren jungholozänen Ablagerungen sind nur Lehmböden der Flussaue mit ihren verschiedenen Varianten verbreitet. Zu nennen wären für die Aue der Iller im betrachteten Gebiet die Bodentypen Borowina, Rambla und Paternia.

In den Moorgebieten des Voralpenlandes findet man die typischen Hochmoortorfe die keinerlei silikatisches Material enthalten da sie vollständig aus abgestorbenem biogenem Material aufgebaut wurden. Sie sind wegen des Wasserüberschusses durch Niederschlag im Alpenraum weiter verbreitet als die silikatreicheren Niedermoorböden die durch ihren Grundwasseranschluss weniger schnell von Bodenorganismen mineralisiert werden. Die Moore werden bei der Beschreibung der Vegetationseinheiten des Allgäus eine Sonderstellung einnehmen da sie viele verschiedene Pflanzengesellschaften auf engstem

Raum beinhalten, die Pflanzendecke des Gebirgsraumes und des Flachlandes jedoch großflächiger von nur ein oder zwei Gesellschaften geprägt ist.

2. Die natürlichen Pflanzengesellschaften des Allgäus

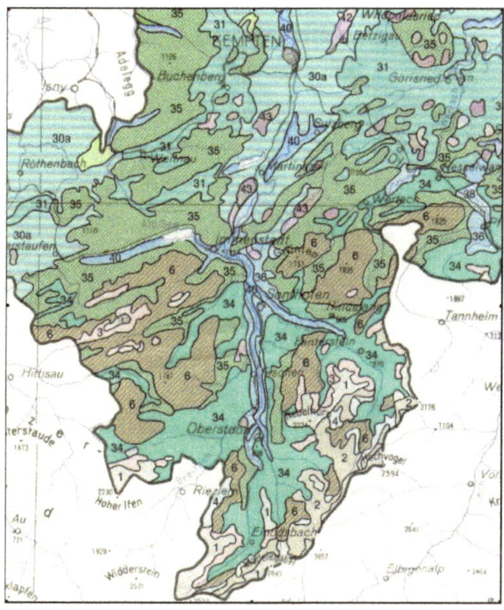

Abb.2: Vegetationskarte von Bayern (Ausschnitt) - Legende: Anhang 2 - (Quelle: Seibert, 1968)

2.1. Gebirgsregion

In den Gebirgsregionen ohne jegliche Bodenbildung können sich nur Pflanzen ansiedeln die auf trockene, steinige Untergründe ohne viel Feinerde spezialisiert sind. Die extremste Fälle bilden die alpinen Felsspaltengesellschaften die fast nur oberhalb der montanen Stufe in den Spalten des Gesteins wurzeln, und sich mit Überlebenstaktiken wie beispielsweise Sukkulenz oder Rosettenwachstum vor dem Austrocknen an diesen Wasserarmen Standorten zu schützen. Die Gesellschaften bevorzugen hoch gelegene Gebirgsregionen da hier geringere Verdunstung von den Gesteinsoberflächen geschieht, sowie, ebenfalls aus Gründen des Wasserangebots, eher schattige Lagen. Die Allgäuer Alpen ist das Anstehende zum Großteil stark carbonatisch, es bilden sich also auch typische Kalkfelsspaltengesellschaften aus, die im Verband des *Potentillion caulescentis* zusammengefasst werden.

Häufig findet man auf solchen Böden das *Androsacetum helveticae* (Schweizer Mannsschild Gesellschaft) welches auf Kalk- und Dolomitstein der alpinen Stufe verbreitet ist, v.a. in sonnenexponierten, windgeschützten Rissen im Felsen. Die Charakterarten sind *Androsace helvetica* (Schweizer Mannsschild), *Draba tomentosa* (Filz-Felsenblümchen) *und Festuca alpina* (Alpenschwingel), und unterscheiden sich vollkommen von denen der eher trockenheitsliebenden Gesellschaft des *Potentillo caulescentis-Hieracietum humilis* (Stengelfingerkraut-Gesellschaft). Diese ist in den Alpen seltener anzutreffen, jedoch im Allgäu in vielen Höhenstufen verbreitet (ca. 400-2000m). Sie setzt sich hauptsächlich aus den zwei Namen gebenden Arten zusammen, nämlich *Potentilla caulescens* (Stengel-Fingerkraut) und *Hieracium humile* (Niedriges Habichtskraut).

- Charakterarten des *Androsacetum helveticae:*

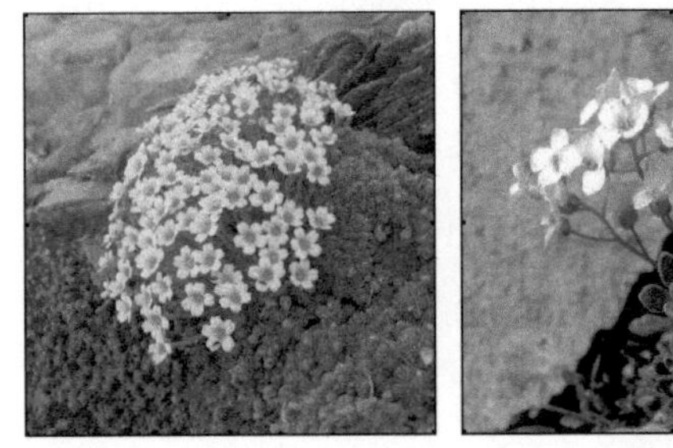

(Androsace helvetica)   (Draba tomentosa)   (Festuca alpina)

- Charakterarten des *Potentillo caulescentis-Hieracietum humilis:*

(Potentilla caulescens – Foto: Bernd Liebermann)   (Hieracium humile)

In tieferen Lagen, wo sich der Schutt der alpinen Kalkfelsen sammelt, siedeln Schuttpflanzen des *Thlaspion rotundifolii* (Alpine Kalkschuttgesellschaften) als erste. Die

Pioniergesellschaft ist das *Thlaspietum rotundifolii* (Alpine Täschelkrauthalde) auf den Stellen mit geringer Feinerdeauflage und stark bewegtem Kalkschutt. Lange Schneebedeckung liefert ein zusätzliches Optimum für die Verbreitung der Gesellschaft. Als Dauergesellschaft stellt sich das *Leontodentetum montani* (Berglöwenzahnhalde) ein, sofern die Bewegung des Schutts abgebremst, und das Angebot an Feinerdematerial reicher ist. Über Schuttströme v.a. bei starker Wassersättigung des Bodens, können die Arten dieser Gesellschaften bis ins Alpenvorland transportiert werden und sich dort ansiedeln.

- Charakterarten des *Thlaspietum rotundifolii:*

(Thlaspi rotundifolium)   (Papaver sendtneri)

- Charakterarten des *Leontodontetum montani:*

(Leontodon montanus – Quelle: www.plant-pictures.com)

Wenn die Böden bereits eine initiale Humusbildung anzeigen findet man Gesellschaften der Blaugrasrasen *(Seslerion variae)* und der Rostseggenrasen *(Caricion ferrugineae)*. Während sich das *Seslerio-Caricetum sempervirentis* (Blaugras-Horstseggenrasen) eher auf Kalkuntergründe beschränkt und ausgedehnte Kalkmagerrasen bildet, zeigt das *Caricetum ferrugineae* (Rostseggenschutthalde) auch oft Mergellagen an. Diese Gesellschaft bildet die Urwiesen der subalpinen Stufe und ist auf tiefgründigen Böden mit Mullauflage optimal verbreitet.

<u>- Charakterarten des *Seslerio-Caricetum sempervirentis:*</u>

(Leontopodium alpinum)   (Oxytropis jaquinii)

<u>- Charakterarten des *Caricetum ferrugineae:*</u>

(Carex ferruginea)   (Pedicularis foliosa)

Auf nicht carbonatischen Böden sind in den Alpen Borstgrasmatten *(Nardion strictae)* angesiedelt. Lehmiger Untergrund führen zur Verbreitung des *Nardetum strictae* (Hochmontane Borstgrasmatten), einer sehr vielgestaltigen Gesellschaft die jedoch durch starkes Auftreten von *Nardus stricta* (Borstgras) geprägt ist, weshalb dies auch die einzige

Charakterart der Gesellschaft ist. Durch Beweidung verändert sich die Gesellschaft stark und Zwergsträucher zeigen eine Veränderung zur Zwergstrauchheide an.

- Charakterarten des *Nardetum strictae:*

(Nardus stricta – Quelle: www.plant-pictures.com)

Ist im Boden auch silikatisches Material enthalten gedeiht *Rhododendron ferrugineum* (Rostrote-Alpenrose) und bildet eine eigene nach ihr benannte Gesellschaft. Das *Rhododendro ferruginei-Vaccinietum* (Alpine Rostrote Alpenrosengesellschaft) liebt lange Schneebedeckung und verändert sich auch schnell sobald das dauerhafte Schneeangebot sinkt. Bei Beweidung wäre die Folgegesellschaft das *Nardetum strictae.*

- Charakterarten des *Rhododendro ferruginei-Vaccinietum:*

(Rhododendron ferrugineum)

(Lonicera coerulea)

Der größte Teil des Hochgebirgsraumes ist von ausgedehnten Nadelwaldgesellschaften bedeckt die sich auf den ersten Blick von den Laubwald geprägten Bereichen des Alpenvorlandes abheben. Auf kalkhaltigen Felsen und Mergelschutt in der Krummholzzone oberhalb der Waldgrenze findet sich ein Pendant des auf Silikatgestein wachsenden *Rhododendro ferruginei-Vaccinietum* mit Latschenkiefern *(Pinus mugo)* und der bewimperten Alpenrose *(Rhododendron hirsutum)* als häufigste Arten. Das sog. *Erico-Pinetum mugi* bildet niedrige Wälder unter zwei Metern Höhe aus.

- Charakterarten des *Erico-Pinetum:*

(Pinus mugo)   (Erica carnea)   (Rhododendron hirsutum)

Weiter verbreitet sind hier die Mitteleuropäischen Fichtenwälder *(Vaccinio-Piceion)*. Sie bilden die typischen natürlichen Nadelholzwälder für die montane und subalpine Stufe des gemäßigten Klimas. Als Zentralassoziation gilt das *Vaccinio-Piceetum* (Fichten-Moorwald) welches fast ausschließlich durch *Picea abies* (Gewöhnliche Fichte) geprägt ist. In feuchten und kühlen Muldenlagen, oder auch an Moorrändern, tritt immer häufiger *Bazzania trilobata* (Peitschenmoos) in die Gesellschaft ein und es geht eine Sukzession zum *Bazzanio-Piceetum* (Peitschenmoos-Fichtenwald) vonstatten. Es handelt sich hierbei um eine in den Nordalpen lokal vorkommende Ausprägung des *Vaccinio-Piceetum*.

- Charakterarten des *Vaccinio-Piceetum und Bazzanio-Piceetum:*

(Picea abies)   (Bazzania trilobata)

Besonders stark an Höhenstufeneinflüsse gebunden ist das *Homogyno-Piceetum* (Alpenlattich-Fichtenwald). Diese Gesellschaft baut die Waldgrenze zwischen dichtem Hochwald der hochmontanen Stufe und der niedrigen Krummholzbewaldung der alpinen Bereiche auf. Um dem vor Wind und Schnee nahezu ungeschützten Standort gerecht zu werden haben die dort vorkommenden Fichten eine sehr schmale Wuchsform um die Angriffsfläche so gering wie möglich zu halten. Die Kennart dieser Gesellschaft ist *Homogyne alpina,* der Alpenlattich.

<u>- Charakterarten des *Homogyno-Piceetum:*</u>

(Homogyne alpina)

Trotz dem starken Aufkommen von Nadelgehölzen in hohen Lagen ist in der subalpinen Höhenstufe auch eine Buchenwaldgesellschaft ganz typisch. Bis zur Waldgrenze steigt das *Aceri-Fagenion* (Krüppelbuchenwälder) mit seiner im Alpenraum weit verbreiteten Gesellschaft des *Aceri-Fagetum* (Bergahorn-Buchenmischwald). Neben den Charakterarten *Acer pseudoplatanus* (Berg-Ahorn) und *Fagus sylvatica* (Rot-Buche) sind auch viele subalpine Hochstauden Teil dieser Gesellschaft, die auffälligsten sind *Adenostyles alliariae* (Grauer Alpendost) und *Rosa pendulina* (Berg-Rose). Das *Aceri-Fagetum* ist auch in Bereichen anzutreffen die nicht unter dem speziellen klimatischen Einfluss stehen wie sie in der subalpinen Höhenstufe herrschen.

(Adenostyles alliariae)

(Rosa pendulina)

2.2. Alpenvorland

Wie erwähnt sind in den flachen Lagen des Alpenvorlandes überwiegend Laubbäume verbreitet, in erster Linie *Fagus sylvatica* ist dort anzutreffen und bildet mannigfaltige Gesellschaften. In den Nordalpen ist *Ilex aquifolium* (Stechpalme) stark an Buchen- und auch Tannenvorkommen gebunden und gilt als Charakterart der alpinen Buchenwälder. Wegen der großen Vielfalt gibt es im Verband des *Fagion sylvaticae* (Buchenwälder) mehrere Unterverbände mit eigenem Habitus und ganz eigenen Artenausprägungen. Der *Lonicero alpigena-Fagenion*-Verband zeichnet sich durch Buchenwälder aus die durch bestimmte Arten in eigene Gesellschaften unterschieden werden können. Noch an den carbonatischen Untergrund der Alpen gebunden ist das *Aposerido-Fagetum* (Tannenreicher Buchenwald) mit Vorkommen von *Abies alba* (Weißtanne) und als vor allem *Aposeris foetida* (Hainsalat).

- Charakterarten des *Aposerido-Fagetum:*

(Aposeris foetida)

Auf reicheren Böden des Alpenvorlandes breitet sich eher das *Lonicero alpigenae-Fagetum* (Alpen-Heckenkirschen-Buchenwald) aus und zieht sich stellenweise sogar bis zum Südrand der schwäbischen Alb. Die Alpen-Heckenkirsche *(Lonicera alpigena)* ist hier die differenzierende Art für die genannte Gesellschaft.

- Charakterarten des *Lonicero alpiginae-Fagetum:*

(Lonicera alpigena)

Auf flachgründigen Kalkböden (Rendzinen) treten vermehrt Seggen- und/oder Orchideen-Arten in den Buchenwäldern auf. Das *Carici-Fagetum* (Seggen-Orchideen-Buchenwald) und seine Untergesellschaft des *Seslerio-Fagetum* (Blaugras-Buchenwald) weisen eine große Artenvielfalt auf wodurch der Bestand von *Fagus sylvatica* relativ gesehen zurückgeht. Das *Seslerio-Fagetum* unterscheidet sich vom *Carici-Fagetum* dahingehend dass die *Cephalanthera*-Arten ausfallen und an dessen Stelle *Sesleria caerulea* (Blaugras), und vermehrt auch Arten des *Erico-Pinetum* treten.

- Charakterarten des *Carici-Fagetum (Seslerio-Fagetum):*

(Carex montana)   (Cephalantera rubra)   (Sesleria caerulea - nur Seslerio-Fagetum)

Ihre optimale Entfaltung zeigt *Fagus sylvatica* jedoch im Verband des *Galio odorati-Fagenion* (Waldmeister-Buchenwälder) auf Böden mit reichlich Mullauflage. Die

Leitgesellschaft, das *Galio odorati-Fagetum* (Waldmeister-Buchenwald), ist in erster Linie gekennzeichnet durch ein reiches Aufkommen von *Galium odorati* (Waldmeister), *Polygonatum multiflorum* (Vielblütige Weißwurz) und *Phyteuma spicatum* (Ährige-Teufelskralle) als Charakterarten, hat aber auch zahlreiche Subassoziationen die durch Auftreten einzelner Arten vom eigentlichen *Galio odorati-Fagetum typicum* abgegrenzt werden. Als Beispiele seien die *Allium ursinum-* (Bärlauch) oder *Melica uniflora-*Variante (Einblütiges Perlgras) erwähnt. Eine spezielle Berglandform des Waldmeister-Buchenwaldes ist auch bekannt, sie unterscheidet sich von der typischen Ausprägung der Gesellschaft durch zahlreiche Individuen von *Polygonatum verticullatum* (Quirlblättrige Weißwurz; statt *P. multiflorum)*.

- Charakterarten des *Galio odorati-Fagetum typicum:*

(Galium odorati)   (Polygonatum multiflorum)   (Phyteuma spicatum)

Zum Verband der Buchenwälder zählt aber auch eine Waldgesellschaft die eine bedeutende Übergangsstellung vom Laub- zum Nadelwald einnimmt. Die Nadelholzreichen-Buchenwälder *(Galio-Abietenion)* mit *Galium rotundifolium* (Rundblättriges Labkraut) als Leitart haben nur noch geringe Vorkommen der Buche da Tanne und Fichte immer mehr ihren Platz einnehmen. Das im allgäuer Alpenvorland vorkommende *Galio rotundifolii-Abietetum* (Tannenmischwald) nähert sich, wie man dem Namen auch schon entnehmen kann, immer mehr einer reinen Tannen-Gesellschaft, an anderer Stelle kann auch der Übergang zum Fichtenwald vorherrschend sein.

- Charakterarten des *Galio rotundifolii-Abietetum:*

(Galium rotundifolium)

Der zweite große Bereich der Waldgesellschaften des Allgäus sind die Ahorn- und Eschen-Mischwälder. Das *Aceri-Fraxinetum* (Ahorn-Eschenwald) ist auf Gerölluntergrund der Jungmoränenlandschaft und in den Bereichen der holozänen Flussschotter angesiedelt. Es sind Wälder mit Beständen aus hauptsächlich *Acer pseudoplatanus, Acer platanoides* und *Fraxinus excelsior* (Gemeine Esche). Neben dieser typischen Ahorn-Gesellschaft sind an den Geröll reichen Standorten auch vereinzelt *Carici-Fagetum* Vorkommen verbreitet.

- Charakterarten des *Aceri-Fraxinetum:*

(Acer pseudoplatanus)   (Acer platanoides)   (Fraxinus excelsior)

In den Flussauen des Alpenvorlandes muss man zwei Vegetationsbereiche unterscheiden. Einmal die Fluss begleitenden Wälder, und die Bereiche im periodischen Überschwemmungsbereich etwas weiter vom Flussufer entfernt. Die beiden Pflanzenverbände die sich daraus ergeben werden im *Alno-Ulmion* (Hartholzauwälder) zusammengefasst. Das Flussnahe *Alnenion glutinosae* (Erlen-Eschen Auwälder) reiht sich spalierartig entlang von Flusstälern auf und wird durch die Nähe zum fließenden Wasser je nach Hochwassersituation mehrmals im Jahr überschwemmt. Im schwäbischen Alpenvorland und in der montanen Stufe findet man hier die von *Alnus incana* (Grauerle) bestimmte Grauerlenaue *(Alnetum incanae)* auf rohen Auenböden ohne weitgehende Pedogenese, sowie auf sandigen Schotterflächen.

- Charakterarten des *Alnetum incanae:*

(Alnus incana - Blatt)

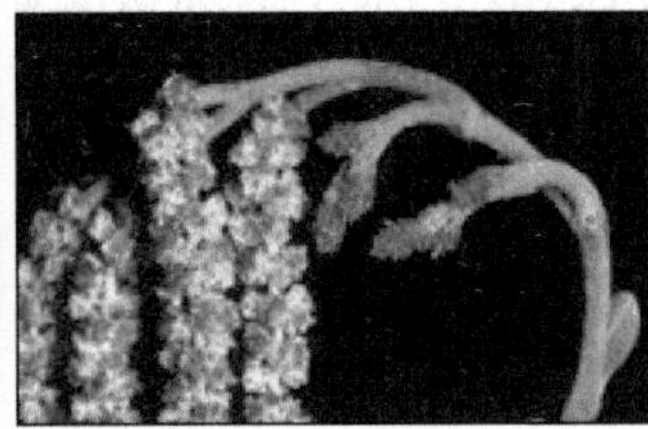
(Alnus incana - Blütenstand)

Die Flussfernen Gebiete sind sehr viel artenreicher, mit einer Vielzahl von Bäumen, Büschen und wild verteiltem Totholz abgestorbener Bäume. Charakterarten sind in diesem sog. *Ulmenion minoris* (Eschen-Ulmen-Auwälder) die Arten *Fraxinus excelsior* und *Ulmus minor* (Feldulme), die im Allgäu vorkommende Gesellschaft wird demnach als *Fraxino-Ulmetum* bezeichnet.

- Charakterarten des *Fraxino-Ulmetum:*

(Ulmus minor)

2.3. Moorvegetation

Im Allgäu, so wie im gesamten Süden Deutschlands, sind Hochmoore weiter verbreitet als Niedermoore. Dies liegt daran dass Niederschläge der Verdunstungsrate überwiegen, und so Moorkörper entstehen können die vom Grundwassereinfluss abgeschlossen sind. Die Vegetationseinheiten der Hochmoore sind aber dennoch von Niedermoorgesellschaften geprägt, v.a. im Randbereich wo sich Grundwasser und Niederschlagswasser vermischen, dem sog. Lagg. In diesem Bereich treten die für Niedermoore typischen Seggen-Riede auf, wie etwa das *Caricetum lasiocarpae* (Fadenseggen-Ried) oder *Caricetum diandrae* (Drahtseggen-Ried). Wie aus den Namen zu entnehmen herrschen hier *Carex lasiocarpa* bzw. *Carex diandra* vor. Beides sind Gesellschaften an feuchten Standorten wobei sich *Carex diandra* im Allgäu auch häufig in den Schlenken der Hochmoore finden lassen. An offenen Wasserstellen bilden die Seggen oft trittfeste Schwingrasen die sukzessive über die Wasseroberfläche wachsen ohne festen Halt an Grund zu benötigen. Den Übergang vom Lagg zum eigentlichen Hochmoor bildet das Randgehänge. Das Fehlen der oben genannten *Carex*-Arten zeigt hier die Abwesenheit von mineralischem Grundwasser, Niederschlagswasser läuft am Hang zusätzlich schneller ab was diese Bereiche zu den trockensten im Moor machen. Hier breiten sich Moorwälder aus wie beispielsweise die Gesellschaften des *Betulion pubescentis* (Birken- und Kiefernbruchwälder). Als sehr beständige Assoziation zählt hier das *Vaccinio uliginosi-Pinetum sylvestris* (Rauschbeer-Waldkiefern-Bruchwald). Anhand von sehr alten noch vorhandenen Bäumen kann man auf eine lange Lebensdauer der Einheit schließen, ohne dass ökologische Veränderungen den Bestand verändert hätten. Pollenanalytische Untersuchungen dahingehend bestätigen, dass auch seit mehreren Tausend Jahren das *Vaccinio uliginosi-Pinetum sylvestris* an diesem Standort seine optimale natürliche Verbreitung hat.

- Charakterarten des *Vaccinio uliginosi-Pinetum sylvestris:*

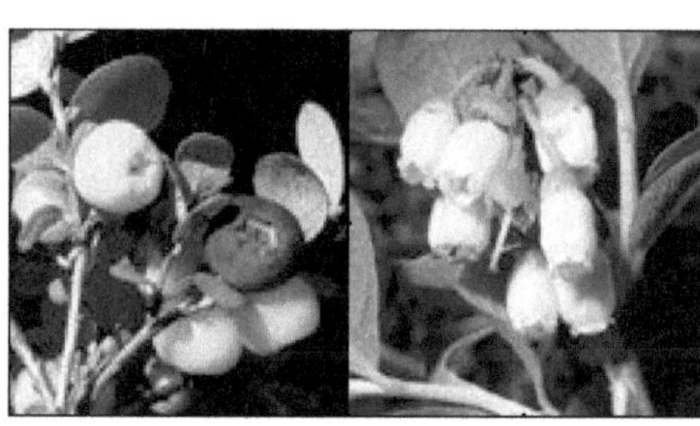

(Vaccinium uliginosum)   (Pinus sylvestris)

Weniger langlebig ist das *Vaccinio uliginosi-Betuletum pubescenti* (Moorbirken-Bruchwald). Hier mischen sich oftmals vermehrt Bergkiefern in den Bestand ein und bilden Übergangsgesellschaften aus bis hin zum eigenen *Vaccinio uliginosi-Pinetum mugi* (Bergkiefern-Moorwald).

- Charakterarten des *Vaccinio uliginosi-Betuletum pubescenti:*

(Betula pubescens)

(Frangula alnus)

Entscheidend für die Ausbildung eines Hochmoores sind jedoch die Torfmoose die dafür verantwortlich sind dass der Hochmoorkörper langsam über den Grundwasser beeinflussten Bereich hinauswächst. Die abgestorbenen Reste der Moose werden von nachkommenden Individuen verdichtet, und es entsteht so der stark saure Hochmoortorf. In großflächig geschlossenen Mooren treten sie deckend auf, bei einer Gliederung in Bulten und Schlenken sind sie Teil der typischen Bultenvegetation. Die häufigsten Torfmoose sind verschiedene Arten des *Sphagnum*, und demnach ist die am meisten verbreitete Gesellschaft in Hochmooren auch von ihnen geprägt. Das *Shagnetum magellanici* (Bunte Torfmoosgesellschaft) beinhaltet einige Moosarten die häufig in Gesellschaft mit Moorbirken und -kiefern auftreten. Speziell angepasste Karnivoren, wie etwa *Drosera intermedia* (Mittlerer Sonnentau), finden sich ebenfalls häufig in der Begleitung von Torfmoosen. Karnivore Pflanzen findet man außerdem häufig in Moorseen, weit verbreitet der Wasserschlauch (*Utricularia)* oder wie bereits erwähnt der Sonnentau. Offene Wasserflächen werden außerdem von Schwimmpflanzen besiedelt, allen voran *Nymphaea alba* (Weiße Seerose) und *Nuphar pumila* (Kleine Teichrose).

- Charakterarten des *Sphagnetum magellanici:*

- Charakterarten des *Sphagnetum magellanici:*

(Sphagnum magellanicum)   (Polytrichum strictum)   (Drosera intermedia)

Zusammenfassung

Aufgrund der vielen kleinräumigen Unterschiede im Naturraum des Allgäus treten hier auch mannigfaltige Vegetationseinheiten auf die sich teilweise stark voneinander unterscheiden. Auf den carbonatischen hoch gelegenen Untergründen des Alpenraumes gedeihen an ungünstigen Standorten Spezialisten die sich in Felsspalten und auf Kalkschutt halten können. Unterhalb der Waldgrenze sind hier vor Allem Nadelbaumgesellschaften verbreitet. In Gebieten des Flysch und Helvetikum mit stärkerem Einfluss von Ton und Mergel im Untergrund wandeln sich die Wälder langsam in weit verbreitete Laubwaldgesellschaften da hier die Bodenauflage weitgehend mächtiger ist als in den Hanglagen der Gebirge. Die Flüsse sind von Auwäldern gesäumt die je nach Überschwemmungshäufigkeit ausgeprägt sind und sich in Flussnahe und Flussferne Auwälder gliedern lassen. Auch Moore sind hier zahlreich verbreitet da die Verdunstung den Niederschlagsmengen nachsteht, so dass in Muldenlagen, v.a. auf schlecht wasserführendem Untergrund (Mergel, Ton), vernässte Stellen entstehen die dann später durch Verlandung und Torfaufwuchs zu Hochmoorkomplexen werden. In Mooren treffen viele verschiedenste Pflanzengesellschaften aufeinander welche die Variabilität der Bodenbeschaffenheit in einem Moor anzeigen können.

Liasbasiskalk bis Ammergauer Schichten
Kalkstein, z.T. knollig-flaserig, z.T. kieselig, Mergelstein, Radiolarit,
lokal Konglomerat u. Breccie | i

Hallstätter Kalk, Pötschenkalk, Pedataschichten
Kalkstein, z.T. hornsteinführend, bereichsweise Dolomitstein | ick

Oberrätkalk   Kalkstein, lokal Dolomitstein
Kössener Schichten   Mergel- u. Kalkstein, lokal Ton- u. Schluffstein
Zlambachmergel   Kalk- u. Mergelstein | ko

Dachsteinkalk
Kalkstein, bereichsweise Dolomitstein | dk

Plattenkalk
Kalk- u. Dolomitstein, lokal Mergelstein | pk

Hauptdolomit, östlich der Saalach auch karnisch-norischer
Dolomit und Dachsteindolomit
Dolomitstein, lokal Ton- u. Schluffstein, Bitumenmergel, Konglomerat, Breccie, Kalkstein | hd

Torf | H

Sinterkalk (Kalktuff, Alm)
Kalk, locker bis Kalkstein, porös | Kq

Ablagerungen im Auenbereich, meist jungholozän,
und polygenetische Talfüllung, z.T. würmzeitlich
Mergel, Lehm, Sand, Kies, z.T. Torf |

Schotter, alt- bis mittelholozän
Kies, sandig | qhG

Seeablagerungen
würmzeitlich bis holozän, vereinzelt auch älter
Ton, Schluff, Mergel, Kalkschluff (Seekreide), Sand | ql

Flugsand, z.T. als Düne
vorwiegend Mittelsand | Sa

Löß, Lößlehm, Decklehm, z.T. Fließerde
vorwiegend Schluff bzw. Lehm | qL

Schotter, würmzeitlich (Niederterrasse, Spätglazialterrasse;
in Alpentälern auch frühwürmzeitlich mit Seeablagerungen)
Kies, sandig; in Nordbayern auch Sand —————— Terrassenkante | WG

Jungmoräne (würmzeitlich) mit Endmoränenzügen,
z.T mit Vorstoßschotter
Kies, sandig bis tonig-schluffig | W

Dreiangelserie bis Globigerinenmergel
Mergel- u. Sandstein, Großforaminiferen- u. Rotalgenkalkstein
(z.T. mit Brauneisenerz) | hp

Kreide in helvetischer Fazies, ungegliedert (nur in Profil A--A´) | hkr

Seewer Kalk bis Hachauer Schichten
Mergel- u. Kalkstein, abschnittweise Sandstein | ho

Schrattenkalk bis Garschella-Formation
Kalk- u. Sandstein (z.T. mit Phosphorit u. stratigraphischer Kondensation),
z.T. Mergelstein | hm

Süßbrackwassermolasse
Ton, Schluff, Mergel, Sand, Kies, Kalkstein | OMb

Obere Meeresmolasse, im E mit Oberer Brackwassermolasse,
Ton, Schluff, Mergel, Sand, alpenrandnah als Festgestein, mit Konglomerat
— — — — Klifflinie | OM

Untere Süßwassermolasse, jüngerer Teil
Ton, Schluff, Mergel, Sand, alpenrandnah als Festgestein, mit Konglomerat | USj

Untere Meeresmolasse, jüngerer Teil,
mit Unterer Brackwassermolasse
Ton-, Schluff-, Mergel- u. Sandstein, bereichsweise Konglomerat | UMj

Untere Süßwassermolasse, älterer Teil
Ton-, Schluff-, Mergel- u. Sandstein, Konglomerat | USa

Untere Meeresmolasse, älterer Teil
Ton-, Schluff-, Mergel- u. Sandstein, bereichsweise Konglomerat | UMa

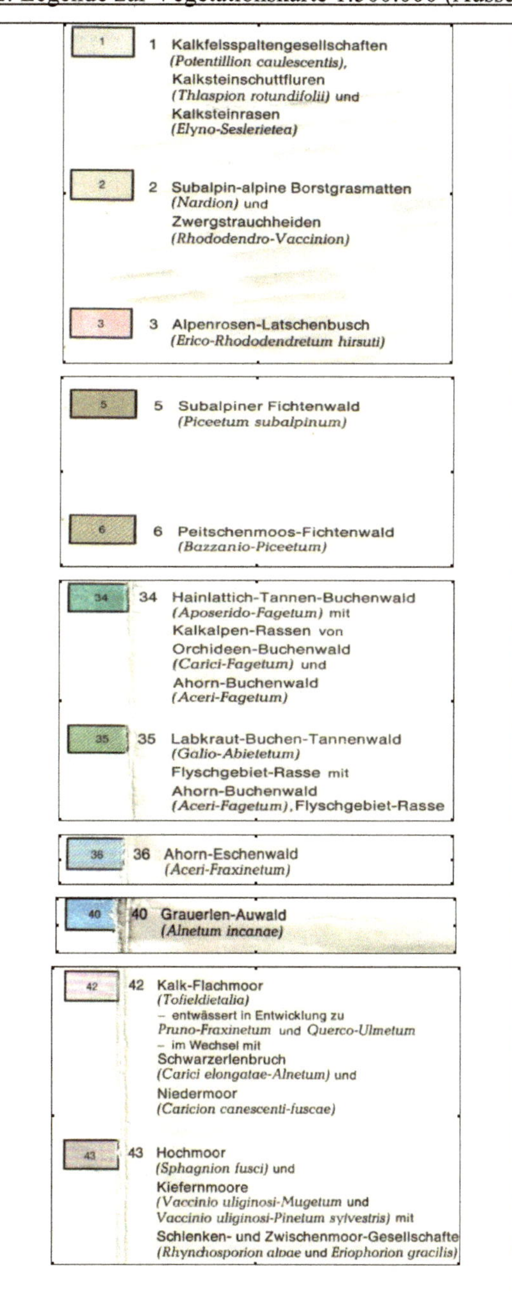
1 Kalkfelsspaltengesellschaften
(Potentillion caulescentis),
Kalksteinschuttfluren
(Thlaspion rotundifolii) und
Kalksteinrasen
(Elyno-Seslerietea)

2 Subalpin-alpine Borstgrasmatten
(Nardion) und
Zwergstrauchheiden
(Rhododendro-Vaccinion)

3 Alpenrosen-Latschenbusch
(Erico-Rhododendretum hirsuti)

5 Subalpiner Fichtenwald
(Piceetum subalpinum)

6 Peitschenmoos-Fichtenwald
(Bazzanio-Piceetum)

34 Hainlattich-Tannen-Buchenwald
(Aposerido-Fagetum) mit
Kalkalpen-Rassen von
Orchideen-Buchenwald
(Carici-Fagetum) und
Ahorn-Buchenwald
(Aceri-Fagetum)

35 Labkraut-Buchen-Tannenwald
(Galio-Abietetum)
Flyschgebiet-Rasse mit
Ahorn-Buchenwald
(Aceri-Fagetum), Flyschgebiet-Rasse

36 Ahorn-Eschenwald
(Aceri-Fraxinetum)

40 Grauerlen-Auwald
(Alnetum incanae)

42 Kalk-Flachmoor
(Tofieldietalia)
– entwässert in Entwicklung zu
Pruno-Fraxinetum und Querco-Ulmetum
– im Wechsel mit
Schwarzerlenbruch
(Carici elongatae-Alnetum) und
Niedermoor
(Caricion canescenti-fuscae)

43 Hochmoor
(Sphagnion fusci) und
Kiefernmoore
(Vaccinio uliginosi-Mugetum und
Vaccinio uliginosi-Pinetum sylvestris) mit
Schlenken- und Zwischenmoor-Gesellschafte
(Rhynchosporion albae und Eriophorion gracilis)

Literaturverzeichnis

BayLfU (Hg.) (1979): Schutzwürdige Biotope in Bayern.- Oldenbourg Verlag, 4 Bände, München

BAYERISCHES GEOLOGISCHES LANDESAMT (Hg.) (1996): Geologische Karte von Bayern 1:500.000 mit Erläuterungen. – Verlag des GLA, München

Bundesanstalt für Geowissenschaften und Rohstoffe (2005): Bodenkundliche Kartieranleitung. 5. Auflage. – Schweizerbart'sche Verlagsbuchhandlung, 438 S., Stuttgart

JANSSEN, A. & P. SEIBERT (1987): Transekt 34: **Kempten**.- In: Bayerisches Landesamt für Umweltschutz: Potenzielle Natürliche Vegetation, 6 S., München

LfU Baden Württemberg (Hg.): Biotope in Baden-Württemberg. Band 1-14.- Druck und Verlag GmbH Heinz Holler, Karlsruhe

POTT, R. (1992): Die Pflanzengesellschaften Deutschlands. – Ulmer Verlag, 427 S., Stuttgart

RIESS, W. & T. SCHAUER (1982): Alpin Lehrplan 12. Pflanzen und Tierwelt / Lebensräume, Naturschutz.- BLV, 173 S., München

ROTHMALER, W. (2005): Exkursionsflora von Deutschland. Gefäßpflanzen: Grundband. – Spektrum Verlag, 640 S., München

SEIBERT, P. (1968): Übersichtskarte der natürlichen Vegetationsgebiete von Bayern 1:5000.000 mit Erläuterungen. – In: Schriftreihe für Vegetationskunde Heft 3, Bundesanstalt für Vegetationskunde, Naturschutz und Landschaftspflege (Hg.), Bad Godesberg